假如动物会说话

蒙 哥 / 著
麦川文化 / 绘

快看，我有超能力！

辽宁科学技术出版社
·沈阳·

动物超能力 之 "活雷达" 蝙蝠

我们喜欢生活在热带和亚热带地区，白天睡觉，晚上才出来觅食。我们当中的绝大部分都有一套独特的"回声定位系统"，能让我们在一片漆黑的环境中飞行和捕捉食物。

为此，你们人类还送给我们一个酷酷的称号呢：活雷达！

我们蝙蝠是翼手目动物（动物中仅次于啮齿目动物的第二大类群），是唯一一类演化出真正有飞翔能力的哺乳动物，也是进化最为成功的哺乳动物之一。

除了南极、北极及大洋中过于偏远的荒岛之外，地球上的各种陆地生态环境我们几乎都能适应。

在进化过程中，我们选择避开与其他陆地和海洋兽类竞争而飞上天空。我们的"回声定位系统"经过高度进化之后，又让我们在空中避开了与大多数鸟类的竞争，成为黑暗天空中的王者。

在完全黑暗的环境中捕食，连我们这些夜晚视力极佳的猫科动物都做不到呢！

我们是怎么做到的呢？

我们的喉部有奇特的生物波装置，具有发射生物波的功能，能连续不断地发出高频率生物波，这就是我们超能力的来源。我们就是靠着准确的回声定位和无比柔软的皮膜，在空中盘旋自如。我们甚至还能进行灵巧的曲线飞行，不断变化发出不同方向的生物波，干扰昆虫的信息系统，让它们无处可逃！

我们这种超能力有多么强大呢？

从我们嘴里发出的"超声波"频率高达 20000 赫兹，你们人类是听不见的。而且每一只蝙蝠发出的超声波都独一无二，我们能准确识别自己发出的超声波，不会与别的蝙蝠混淆。

我们能在 1 秒钟内捕捉并且准确分辨 250 组回音，还能够通过同类所发出的声调变化来判断它们的情绪状态。我们还能通过磁场定位，从数千千米之外飞回自己的家……

如果你们人类能拥有我们的这些超能力，相当于每个人都是一个活雷达，就算闭上眼睛也可以轻松应对日常生活啦！

动物超能力 之
大蜡螟

我们的名字是大蜡螟（là míng），是螟蛾科蜡螟亚科的昆虫，会危害动物毛皮和植物。我们的身影遍布世界各地。我们拥有特殊的鼓膜结构，可以听到高频的声音，同时可以清楚地区分不同类型的声音和脉冲模式。我们拥有动物世界最强大的听觉，灵敏度是人类耳朵的 150 倍。

你们人类的耳朵只能听到 2~5 千赫兹频率的声音，而我们能听到 300 千赫兹频率的声音，这是自然界生物能感知频率的最高纪录！

4

我们为什么会有这么好的听力呢？

其实，是为了躲避我们的天敌——蝙蝠！

相信你们已经知道，蝙蝠是动物世界的出色猎手，能够利用生物声呐系统"回声定位"在完全漆黑的环境下搜寻猎物。

在捕食的时候，它们首先发射超声波，这些超声波遇到物体或者其他动物后反射回去，它们据此判断出猎物的方位。

有些蝙蝠能听到频率212千赫兹的声音，跟我们大蜡螟只差一点儿，于是，我们不得不在进化中让我们的听力不断升级，直到可以听到频率300千赫兹的声音！

蝙蝠无法发出如此高频率的叫声，也无法听到如此高频率的声音，我们在它们面前，就"隐形"了！这是捕食者与猎物间为了生存而不断进化的结果哦！

如果人类能拥有大蜡螟的听力，站在操场上就可以听见方圆几千米内所有细小的声音，甚至包括蝙蝠发出的超声波！

5

动物超能力 之 大象

特殊能力：超灵敏的嗅觉

你知道吗？我们是目前陆地上最大的哺乳动物！

在非洲撒哈拉沙漠以南和南亚及东南亚以及中国南部边境的热带及亚热带地区，都能见到我们的身影。我们是世界上现存最大的陆地栖息群居性哺乳动物，通常以家族为单位活动。

你们人类认为我们庞大笨重，其实我们是非常聪明的，而且我们有一项你们意想不到的超能力：超强的嗅觉！

动物调查

2007年，有学者发现非洲象能够通过气味辨别肯尼亚境内的两个部落：一个捕杀大象；另一个和大象和平共处。另外，雌性非洲象每3年中只有几天适合生育，雄性非洲象就是凭借强大的嗅觉加以辨别才能避免错过"难得的机会"哦。

日本东京大学对大象进行研究后发现，非洲象拥有 1948 组嗅觉基因，在所有动物中排名第一！其数量接近狗的 2 倍，人类的 5 倍，猩猩的 6 倍！如此多的嗅觉基因让大象的嗅觉远强于以嗅觉灵敏著称的狗和老鼠，人类更是无法与之相比。

但是，我们的视力很差，所以我们的生活离不开自己的长鼻子。无论是寻找食物，还是和朋友相处，我们最先动的就是自己的鼻子，我们靠强大的嗅觉来判断这个东西能不能吃，这个动物是不是自己的好朋友。

我们不仅可以嗅出地雷、爆炸物、生物武器，还能发现偷猎者，甚至通过人们穿着的衣服嗅出癌症。更神奇的是，我们几乎不用人们怎么训练就能完成任务！

动物调查

美国纽约市立大学亨特学院对泰国六头 12~45 岁的亚洲象进行了测试，发现大象甚至可以用嗅觉数数！

研究人员在两个不透明的桶内装进葵花子，桶的盖子上有透气孔，每个桶里的种子数量非常少——在 4~24 克之间。在实验中，大象能够在不考虑种子的具体数量的前提下，从两个桶中选择出种子数量更多的那个，而相同的实验，狗狗则无法做到。

警犬应该庆幸大象体型过于庞大，在城市中行动起来不方便，不然，许多警犬可能要下岗了。如果人类能拥有大象的超强嗅觉，用鼻子来感受世界，会很有趣吧。

动物超能力之 灯塔水母

大千世界无奇不有，大自然中就有且仅有那么一种生物，能够利用与生俱来的特性逆转时光，获得近乎无限的寿命，这就是我们——灯塔水母！我们凭借绝技"分化转移"，能够实现返老还童！我们大多生活在热带海域，身材非常娇小，直径只有 4~5 毫米。一开始，我们主要分布于加勒比地区，后来，随着远洋贸易的蓬勃发展，我们常被卷入远洋货轮的压舱水箱里，随着这些货轮扩散到了世界各地。

动物调查

1996 年，意大利生物学家们曾对 4000 多只处于不同发育状态的灯塔水母进行了不同环境下的分化转移诱导实验。

这 4000 多只水母经历了饥饿、突然升高或降低水温、改变水压、改变水中盐度以及受到机械性损伤等外部或自身状态的突然改变，均出现了分化转移现象，全部返老还童变成更年轻、更健康的状态，而且全员健在！

理论上来说，分化转移并没有次数限制，这意味着我们只要不断重复这一过程，就能不断更新自己，从而获得无限的寿命！

不过，现实世界中，我们是弱势群体，经常会面临各种各样的危险，比如天敌捕食者、各种疾病以及致命的环境改变！

所以，把我们的能力定义为"返老还童"更为准确，不是真的不会老、不会死。不过，这种返老还童的能力，一定是人类最渴望的超能力之一吧！

动物超能力 之 电鳗

我们主要分布于亚马孙流域的圭亚那地区。我们实际上是诞生于海洋之中的，是一种江河洄游鱼。什么意思呢？就是我们会从大海中逆着河流而上，回到淡水里生活，慢慢长大。我们是放电能力最强的淡水鱼类。

我输出的电压可以达到 300 ～ 800 伏，人们管我们叫"水中高压线"。

我们为什么能放电呢？

这当然要归功于我们独特的细胞构造了。我们体内有一些细胞就像小型的叠层电池，当产生电流时，所有这些电池都串联起来，这时，在头尾之间就产生了很高的电压。

那么，我们为什么不会电到自己呢？因为我们的放电器官分别长在身体的两侧，而且我们大部分的身体或重要的器官都由绝缘性很高的构造包裹。我们在水中就像是一个大电池。众所周知，电流会从电阻最小的通路经过，而水的电阻比我们身体的电阻要小得多，所以我们身体发出来的电流会从水中流动，而不会电到自己。

我们有着你们人类梦寐以求而且很酷炫的超能力，就是"放电"！这种强大的能力让我们在淡水中几乎没有天敌！

高达800伏的电压意味着什么？这么厉害的电流可以轻松电死一头牛，在南美的河流中没有动物能承受这么高的电压。电鳗每秒能放电50次，但连续放电后，电流逐渐减弱，10~15秒后完全消失，休息一会儿后才能重新恢复放电能力。

南美洲土著居民利用电鳗的这一弱点，在捕捉电鳗时会先将一群牛赶下河去，使电鳗被激怒而不断放电，待电鳗放完电精疲力尽时，再将它们一网打尽。

在水中3~6米范围内，常有人触及电鳗放出的电而被击昏，甚至因此跌入水中而被淹死。所以，电鳗曾入选美国《国家地理》杂志网站公布的"地球上最令人恐惧的淡水动物"。

但是，如果把我们放在空气中，空气的电阻比水大，也大于我们的身体，这时候要是放电的话，可是会电到自己的哦！

浑身放电的能力，绝对是最酷炫的能力之一了，你想不想拥有呢？

我们不仅可以生活在海岸边的潮间带，在水深5000米的寒冷水域也可以见到我们的踪迹！

我们有一套很特殊的避敌本领，就是吃什么颜色的海藻就会变成什么颜色，这让我们更好地隐藏自己，躲避天敌！

这也会让我们变得五颜六色，外观相当吸引人！

其实，我们不仅能够吸收叶绿体，还能将藻类核基因中有关叶绿体蛋白的部分整合进自己的基因，把自己变成动物和植物的结合体！

动物超能力 之 绿叶海蛞蝓

特殊能力：光合作用

吃东西可能是世界上所有动物的头等大事，因为不吃东西就无法生存。

那动物能不能像海草一样，靠晒太阳进行光合作用就能填饱肚子呢？

有啊！我们海蛞蝓就可以做到！我们是科学家发现的第一种可以生成植物色素——叶绿素的动物，广泛分布于世界各地的海域中。

我们用头部挖掘泥沙，吞食小型无脊椎动物，是典型的食肉类软体动物。我们还有很多别名，比如海麒麟、海羊、海兔。我们喜欢在海水清澈、水流畅通、海藻丛生的环境中生活，喜欢吃海藻。

我们当中的一些同伴能将叶绿体存入角鳃，从而进行光合作用，不足时再补充。它们是著名的绿叶海蛞蝓！它们能将叶绿体直接纳入体内，从而真的变成行走的"绿叶"。它们从卵中孵化后，会四处寻找滨海无隔藻，取食后身体逐渐变绿。它们吸收了叶绿体，随后不吃不喝都能度过10个月。它们的寿命也只不过一年上下，基本上相当于一辈子不用吃饭，晒晒太阳就能度过一生！

如果有一天人类拥有了这种能力，只需要晒晒太阳就饱了，倒是省了吃饭的麻烦。不过，你们割舍得下手中的零食和各种美味吗？

动物超能力 之
海豚

特殊能力：
左右脑轮流休息

　　我们海豚是一种特别聪明的动物，有自己的语言、食谱，还天生喜欢亲近人类，能完成各种高难度的动作……但今天，我要向你们介绍的是我们身上一项特别厉害的能力：两个大脑半球可以轮流休息！

　　也就是说，我们可以做到保持右侧大脑半球抑制状态时，让左侧大脑半球处于兴奋状态。

嗯，这帮家伙天生就喜欢跟人类亲近，人类好像也特别喜欢它们。

妈妈，它们怎么不怕人呢？

没错，这样的状态每隔十几分钟交替一次。

所以，我们能够一边睡觉一边游泳，终日搏击风浪而不会感到疲乏！

你们人类的大脑每天都是需要休息的，一天不睡觉，大脑可能就会疲劳得无法正常学习工作。但是如果你们拥有我们这种能力，这些就完全不是问题了。你们可以两边大脑轮流值班，在休息或者娱乐的同时还能工作和学习，做任何事情都会事半功倍，然后还不觉得累，简直就是超人！

怎么样，我们海豚的超能力，你们喜欢吗？

动物超能力之 候鸟

特殊能力：
利用磁场、日月星辰和
自然环境定位

在我们鸟类当中，很多都具有沿纬度进行季节迁徙的特性。夏天的时候这些鸟在纬度较高的温带地区繁衍下一代，冬天的时候则在纬度较低的热带地区过冬。你们人类给这些随着季节变化而南北迁徙的鸟类取了一个统一的名字——候鸟。

动物调查

候鸟是如何准确地完成如此长途跋涉的迁徙的呢？

科学家主要有两种观点：

第一种：以陆地标志说和天体导航说为主的视觉定向假说。

陆地标志说是指飞行的鸟类能够利用地貌特征，如河流、山脉、海岸、湖泊、岛屿和森林等作为"方向标"。鸟类凭借其特别发达的"视觉分析器"，视地形的凹凸特征来选择飞行方向，完成定向迁徙。

天体导航说是指有些候鸟是白天以太阳、晚上以星宿位置来导航的，以保证自己不会迷失方向。

第二种：包括地磁定向说在内的非视觉定向假说。

该理论认为，鸟类通过感知地理北极与磁北极偏角来确定经度，依靠地球的磁场来定位。

信鸽就是凭借地球磁场的定向机制来定位的。即使在看不到星星的阴天，信鸽也能正常返巢。但如果人们给信鸽的头上加上一块具有特定极性的人工磁铁，它就会迷失方向。

动物超能力 之 克拉克星鸦

我们克拉克星鸦主要在北美地区和中美洲活动，身长大约 30 厘米，是最聪明的鸦类之一。

除了你们人类，自然界中记忆力强的动物还有很多，比如黑猩猩、大象、海豚等。但是，我们克拉克星鸦表现出的记忆力丝毫不亚于这些动物，甚至更强！

为了储备冬天的粮食，我们的大部分时间都在辛苦劳作，我们收集森林中的松子，然后埋在很远的地方。

你知道吗？秋天，一只克拉克星鸦要将 2 万 ~3 万粒松子埋藏在 5000 个不同的地方！

我们对储藏食物的地点有严格的要求，从不马虎。一般选在有阳光照射、不易被冰雪覆盖的地方，如干燥的山地丘陵、光秃秃的山坡等。然后，每个地方只藏六七粒谷粒。我们工作很认真，先用爪子挖松土壤，然后把谷粒埋下，再盖上土，还要衔来柴草或残枝，给埋藏点加上伪装。

这还没完，一切布置完毕，我们还会在储藏食物的地方放一块小石子作为记号。

刚才已经说到，我们会把粮食放在数以千计的不同地点，要想准确找到这些粮食，就必须拥有超强的记忆力了。不论时隔多久，我们也不会忘记自己的藏粮地点！

你们人类的研究人员曾经在我们埋藏完食物后故意改变沙地地貌，但还是难不倒我们。在半个小时的时间里，我们的小伙伴就把 60%~90% 的松子找了出来。

这会不会是碰巧找到而已？为了验证这种想法，研究人员找来一名学生，他让这名学生埋好松子，30 天后，再将松子找出来，结果学生输给了克拉克星鸦，他的成绩还不及克拉克星鸦的一半！

虽然我们很早就存下了这些食物，但并不会马上吃掉，而是等到冬天或初春，食物稀少时，才逐个挖开埋藏点，享用这些储存的美食。

在数千个地方不规则地藏下东西，且从不会忘记，我们对空间方位的记忆能力已经远远超过人类。如果人类拥有了这种能力，日常生活中就再也不用担心找不到自己小心翼翼收好的东西了。

动物超能力 之 鹰

特殊能力：鹰眼

我们性情凶猛，体态雄伟，也是地球上最危险的鸟之一。地球上有许多的动物、视力都远超人类，我们是其中之一。我们在高空高速飞行的过程中，能准确无误地辨别地上的动物，就连蛇、田鼠等小动物都逃不过我们的眼睛。

不仅如此，它们还拥有超凡的色觉。与人类相比，鹰眼中的世界更加缤纷多彩。它们甚至还能分辨出紫外线！我们这种可怜的小动物，只要被盯上，那真是在劫难逃啊！

我们能看到 36 千米之外的东西，这个距离是人类的 6 倍！

　　我们之所以具有如此出色的视力，与我们独特的眼部结构密切相关。人类每只眼睛的视网膜上只有一个中央凹，而我们拥有正中央凹和侧中央凹两个凹槽，一个用来接收前侧视野里的物体像，另一个则接收正前方的物体像。因此，我们的视野非常宽广。

　　如果把你的眼睛替换成鹰眼，那么你将能够轻而易举地在 10 楼楼顶看到正在地面上爬行的蚂蚁，甚至可以在一个足球场最后边角落的观众席位上分辨出场上球员的表情。被你的视线锁定的物体都会被放大，一切都会变得绚烂多彩，不可思议！

　　我们拥有最棒的远视和分辨色彩的能力以及 340° 的视野（常人只有 180° 视野），甚至能看到脑袋后面所有的东西！

动物超能力 之 鳞脚蜗牛

特殊能力：水火不侵

其实，我们的学名是鳞脚腹足蜗牛。我们一直生活在水温300℃左右、水火交融的极端环境里，你们人类2001年在印度洋海底热泉喷口黑烟囱区域发现了我们。

我们的腹足被含铁的鳞片包裹，还拥有三层硫化铁外壳，一身的"超级装备"！

我们的有机层很厚，带有磁性的硬质硫化铁外壳更是罕见。

这让我们外壳的防御等级比其他动物高出几百倍，让我们可以在极端的高温、高压以及强酸性环境中生存。

你可别小瞧这三层外壳，每一层对我们都有不同的防御效果。

第一层外壳覆盖的硫化铁来自富含许多矿物质的热泉喷口，形成了一个天然的盔甲，帮助我们躲避捕食者，对收到的物理攻击起到缓冲作用。

第二层壳的有机层能抵消强酸和高温，可以帮助我们的身体消散热量。

而第三层壳反过来提供支撑，加强前两层壳的防御效果。

如果有一天研制成功，人类穿上这样的防护衣，在极端环境下作业的安全系数将提高数个等级。祝你们早日研发成功哦！

听说你们人类科学家正在根据我们的保护壳耐高温、耐高压、耐强酸等特点研制无敌防护衣呢！

23

动物超能力 之
蜣螂

特殊能力：
力大无穷

说到蜣螂，你可能不认识，但如果说屎壳郎，大部分人就知道了吧？我们可以清理动物的粪便，号称大自然的清道夫！别看我们体型不大，如果按体重和负重比例来算，我们是世界上已知力量最强的动物呢！

这么说吧，如果一个人要拉动比自己重1141倍的物体，就相当于要拉动6辆满载的双层巴士。相当于体重70千克的人能举起80吨的重物！厉害吧？

如果人类能够拥有这种力量，你们都将化身超人。想想单手就能举起几十吨重的东西是一种什么样的感觉吧！

动物调查

英国的科学家在实验中惊奇地发现，屎壳郎能拖动相当于其身体重量1141倍的物体！实验中，研究人员尝试模拟屎壳郎的自然生存环境，随后在其背上粘了一条线，并借助滑轮和水将屎壳郎向后拉，结果发现，屎壳郎本能地向相反的方向反抗。最终，研究人员通过测量先前借助滑轮和水产生的拉力，得到了屎壳郎力量的惊人数据。

加油！加油！

动物超能力 之 琴鸟

特殊能力：自然界的口技大师

我们琴鸟主要分布于澳大利亚东南部的热带雨林，喜欢吃昆虫和植物的种子。我们几乎可以模仿听到的一切声音，包括其他鸟叫声、猫叫声、青蛙叫声和人的说话声，还能学习人类社会中的各种声音，如汽车喇叭声、火车喷气声、斧头伐木声、修路碎石机声及领号人的喊叫声等。

我们的模仿能力远超其他的鸟，比鹦鹉和八哥可厉害多了！

不仅如此，我们的歌声婉转动听，舞姿轻盈，是澳洲最受人喜爱的珍禽之一。澳大利亚民间选定了两种鸟当作澳洲的国鸟，其中就有我们。

我们除了在求爱时会献上优美的演出之外，还愿意给一种园丁鸟当婚宴上的"乐队"。因为这种园丁鸟不会唱歌，要举行"结婚仪式"就得请我们来配合，我们是鸟类家族中合作的模范哦！

我们为什么有这么强的声音模仿能力呢？

鸣肌是鸟类控制鸣管管径、曲率以及鸣膜张力的特殊肌群。

鸣肌受到神经的支配，可以发出不同频率、婉转多变的声音，其复杂程度和鸟类的鸣叫密切相关。而我们拥有 3 对鸣肌，这是我们强大声音模仿能力的关键。

当然，这和我们后天的勤奋学习也分不开哦。我们利用自己极强的声音模仿能力，加上后天的学习和锻炼，甚至能让一些鸟认为是自己的同类在鸣叫，从而向我们主动靠近呢！

如果有一天，人类能拥有这样的声音模仿能力，那么即便是一个五音不全的人也可以变成歌唱家哦！

27

动物超能力之 雀尾螳螂虾

我们的外表颜色非常鲜艳，由红、蓝、绿等多种颜色组成，在世界上许多热带海域都能看见我们的身影。

很多人都被我们色彩鲜艳的外表所吸引，其实，我们是"世界上最残暴的虾"。

我们拥有子弹般威力的拳头，"世界上最残暴的虾"实至名归！

我们究竟有多厉害呢?

其实，我们并不是真正的虾，而是一种甲壳动物，属于口足目下的齿虾蛄科。"雀尾"一方面用来形容我们色彩艳丽的身体如孔雀般美丽；另一方面则用来形容我们特别的尾部，就像雀鸟张开的羽翼那样华丽，令人印象深刻。"螳螂"一词则指我们收束螯肢的姿势，与螳螂一模一样。

动物调查

雀尾螳螂虾体型有大有小，小的仅约 3 厘米，大的能长到 18 厘米，属于全天活跃型，无论昼夜都神采奕奕，精力旺盛。这种虾最大的特征就是那令人惊讶的非凡的拳击力量。它的每次折叠拳击，出拳速度在 1/50 秒内，最大速度可超过 80 千米 / 时，产生约 60 千克的冲击力，瞬间加速度足以匹敌甚至超过 0.22 小口径手枪的子弹。背着盔甲的生物们大多无法扛下它的一拳，而理论上来说，它一秒可打出 50 拳！

上次有个科学家在实验室摆弄我们，戴着防撞击手套却还是被我们霸道的拳击打伤了手指，然后流血不止，差点儿弄成粉碎性骨折，打上石膏过了好几个月才终于恢复。所以请注意，如果你想在家中饲养我们，务必准备好防弹玻璃鱼缸！

动物超能力之
鲨鱼

　　我们鲨鱼是动物世界中已知的唯一一种在野生环境中几乎不会生病的动物，因为我们对包括癌症在内的所有疾病都具有免疫力！

　　我们是生活在水中的猛兽，长久以来，人们对我们的印象是凶猛、灵活、反应迅捷。然而，你们没有在意的是，我们极少生病，寿命一般为70岁左右，有的甚至可以活到100多岁。此外，我们还具有非常强的抗感染能力，伤口愈合的速度比人类快2倍！

动物调查

　　从前，科学家们认为鲨鱼的软骨是它强大的免疫系统，后来发现鲨鱼的肝才是它惊人的免疫力之源。鲨鱼的肝分别占它体重和体长的1/5和1/3。

　　早在18世纪，挪威的渔民将鲨鱼肝中的油脂提取出来用于加快皮肤伤口的愈合，还在鱼的囊泡中灌满鲨鱼肝油服下，用来减轻和缓和呼吸道感染。他们还发现通过服用鲨鱼肝油，身体变得更强壮了。因此，斯堪的那维亚半岛的渔民一直把鲨鱼肝油作为一种民间良药来强身健体、治愈疾病。

　　曾经有一段时间，科学家拿鲨鱼来做试验，他们给鲨鱼吃被强烈致癌物黄曲霉素污染过的食物，但鲨鱼并没有表现出糟糕的症状。后来，他们往鲨鱼体内注射癌细胞。癌细胞的确起作用了，鲨鱼体内生成了小肿瘤。不过，这些小肿瘤并没有无限繁殖而增大，相反，这些小肿瘤竟然慢慢死掉了。科学家们都很纳闷儿，为什么这些鲨鱼感染了黄曲霉素甚至被注射癌细胞之后，都不会得癌症呢？后来，经过无数次试验，科学家发现鲨鱼体内有一种很特别的物质。这种物质能够活化吞噬细胞，使其数量增多，从而让更多的吞噬细胞快速高效清理、吞噬侵入体内的细菌病毒和受损的体内细胞，就像我们人类体内的白细胞一样。科学家给这种物质起名为烷氧基甘油（AKGS）。

25000 头鲨鱼中只有一头患肿瘤,说明我们对肿瘤及感染具有良好的抵抗力。

大自然不仅赐予我们强壮、凶猛的外表,让我们在生存竞争中获胜,还赐予我们惊人的免疫力使我们战胜疾病!

如果人类拥有这种能力的话,一生几乎不会生病。那真是太棒了!

这么说吧，我们每4秒跳一次，能连续不断跳78小时，起跳用的力是体重的140倍！

我们不只跳得高、跳得远，跳的速度、频率也快，持续时间也非常久！

我们跳跃的加速度堪比火箭发射，所以跳起来的一瞬间，你们人类的肉眼根本看不见我们。

我们这么能跳，全靠一对发达、强健、适宜弹跳的后腿哦！而且，我们的外壳可以承受比体重大90倍的重量。所以，不管跳多高，我们从来不会把自己摔伤！

动物超能力 之 跳蚤

特殊能力：弹簧腿

我们身材娇小，没有翅膀，擅长跳跃，大家都说我们是昆虫界的"跳高冠军"。

我们跳高的纪录是 22 厘米，跳远是 33 厘米。你说什么？看起来似乎也没有多高多远？你可别忘了，我们的身长都不到 3 毫米，体重只有 200 毫克左右。这么说吧，我们可以跳出的距离是自己身体长度的 220 倍，身体高度的 150 倍！

假如人的身体有了如同跳蚤身体一样的坚硬外壳，那么，从 1000 米的高度摔到硬地上也能安然无恙。

如果人有了跳蚤的弹跳能力，轻轻一跳便可以跳上百层高楼，可以跳过 3 个美国自由女神像，一次可以跳过一个美式足球场，跳 7 次就可以到达富士山顶……

动物超能力 之 涡虫

我们比苹果的种子还要小，但我们却有一项令其他动物都羡慕的超能力，那就是"再生"！
如果把一条涡虫切成280段甚至更多，每一段都会重新生长成一条完整的涡虫！
切头长头，切尾长尾！我们当中最神奇的要数真涡虫了。

我们之所以能有这么强的再生能力，是因为我们体内含有大量成熟的干细胞。

动物调查

美国塔夫斯大学研究人员发现，真涡虫不仅能再生一个头，这个新头还拥有以前的记忆！

他们训练这些黄色小虫忽略实验室内的亮光，集中注意力寻找食物。

这些科学家发现，即使真涡虫被斩首，长出新的头以后依然记得这个训练。

这个发现，或许对人类如何恢复记忆方面的研究有所启发。

你们人类的科学家一直对我们身体部位的再生能力进行着研究，这些部位包括头部和大脑。有一天这项研究假如成功，有可能会使老化或受损的人体器官和组织再生！

那么，所有的残疾人和失忆的人都将可以恢复成正常人了！

虽然动物界有很多动物都拥有神奇的再生能力，比如蚯蚓、海星等，但是像我们这么强悍的再生能力，还能保留记忆，其他动物真是望尘莫及！

动物超能力 之 野山羊

特殊能力：飞檐走壁 攀爬大师

瞧，我们步履稳健，平衡能力超棒！

我能又快又稳地从一块岩石跳到另一块岩石上！

　　我们生活在海拔 500~6000 米的山上，终日在悬崖峭壁上生活，这样的环境练就了我们一身飞檐走壁的本领。我们长期生活在高山上，经常会在峭壁上躲避天敌的追捕，甚至在峭壁上产子。

　　在陡峭的山地攀爬已经成为我们生活的一部分，经过长时间的进化，我们对这种你们看似危险的环境早就已经适应了。

2010 年夏季，有人拍到一只阿尔卑斯野山羊在意大利北部水坝几乎垂直的岩面进行攀爬，它灵活的步伐令无数攀岩爱好者羡慕不已。同年 11 月份，美国《国家地理》杂志也刊登了一组美国石山羊攀爬水坝舔盐吃的照片。

许多人或许会有疑问，野山羊为什么要冒着粉身碎骨的危险爬那么高去舔盐吃呢？

因为野山羊是食草动物，平时很少能接触到含有盐分的食物，这么做的目的就是为了补充身体里的盐分。

我们进化出了适合攀爬的分趾蹄，趾间的缝隙特别大，而且蹄子柔软、有弹性，所以身体前倾时可以牢牢地抓住陡峭的岩壁。

在悬崖峭壁上只要有一脚之地，我们就能攀登上去。我们一下子可以跳出去两三米远，从高处向下更能纵身一跃 10 多米而不会摔伤。如果你们人类拥有了这种能力，飞檐走壁将不再只是武侠小说里面的情节！

动物超能力之
拟态章鱼

特殊能力：
伪装大师

　　提到动物的伪装，你们第一时间想到的可能是变色龙，因为大家都知道变色龙能够根据周围的环境改变身体的颜色来进行伪装。或许变色龙在陆地动物中伪装能力一流，但它远远比不上我们，海洋中最会伪装的动物——拟态章鱼。

　　我们是自然界中顶级伪装高手，身体非常软，可以任意改变颜色和形状。我们正常的体色是带着斑点的褐色，但我们可以模拟多种环境颜色，还能模仿其他 20 多种海洋生物，比如海蛇、比目鱼、海藻、海草等。

　　不仅如此，我们还会伪装成海螺，用两条腿走路，或者用椰子壳把自己伪装成椰子。厉害吧！

凭着能改变颜色、形态、皮肤质地这样三位一体的伪装技能，我们是当之无愧的"自然界顶级伪装大师"！

那么，我们的伪装究竟高级在哪里，能让我们在伪装上比变色龙还厉害？

第一点：许多动物的变色（比如变色龙）属于体内化学反应，而我们的变色是通过眼睛和脑髓指挥，是神经系统控制的变色方式，更加高级，变色几乎能瞬间完成。

第二点：我们身体柔软，在改变颜色的同时还能改变身体的形态，变成其他动物，变色龙则只能变色。

第三点：我们在变色和改变形态的同时，还能改变皮肤质地，比如我们伪装成海草时，会把身体变成一缕一缕的，随水流拂动，像真的海草一样让人难辨真假。

如果人类可以拥有这样的伪装技能，不但可以模仿任何人，或许还可以随意变成各种动物和植物。这样的伪装技能有没有让你想起孙悟空的"七十二变"？

带上爱探索的你，去发现动物世界的奥秘

微信扫码
添加智能阅读小书童
还有好看的童话书等
你解锁哦~

- 趣味问答 本书小常识，你能答多少？快来试试吧
- 动物科普 动物有哪些小秘密？等你来发现

- 读书笔记 记录新奇感受，探险之旅有回顾
- 读者社群 拍下动物萌照，群内分享乐趣多

还能通过
【动物绘画赛】为小动物画画
【成语知多少】走进成语里的动物王国

图书在版编目（CIP）数据

假如动物会说话. 快看，我有超能力！/ 蒙哥著；麦川文化绘. — 沈阳：辽宁科学技术出版社，2022.1
ISBN 978-7-5591-1810-3

Ⅰ. ①假… Ⅱ. ①蒙… ②麦… Ⅲ. ①动物—少儿读物 Ⅳ. ①Q95-49

中国版本图书馆CIP数据核字（2020）第200835号

出版发行：辽宁科学技术出版社
　　　　　（地址：沈阳市和平区十一纬路 25 号　邮编：110003）
印 刷 者：辽宁新华印务有限公司
经 销 者：各地新华书店
幅面尺寸：230mm×300mm
印　　张：5
字　　数：80 千字
出版时间：2022 年 1 月第 1 版
印刷时间：2022 年 1 月第 1 次印刷
责任编辑：姜　璐
封面设计：吕　丹
版式设计：吕　丹
责任校对：徐　跃
书　　号：ISBN 978-7-5591-1810-3
定　　价：35.00 元

投稿热线：024-23284062
邮购热线：024-23284502
E-mail:1187962917@qq.com
http://www.lnkj.com.cn